Stephen Hawking

HABEN SCHWARZE LÖCHER KEINE HAARE?

Zwei Vorträge

Mit einem Vorwort und
Erläuterungen von David Shukman

Aus dem Englischen von
Hainer Kober

Rowohlt

Die englische Originalausgabe erschien 2016 unter dem Titel
«Black Holes. The BBC Reith Lectures» mit freundlicher
Genehmigung der BBC bei Bantam Books, einem Imprint
von Transworld Publishers, einem Unternehmen der Penguin
Random House Group, London.
1. Auflage Januar 2017
Copyright der deutschsprachigen Ausgabe
© 2017 by Rowohlt Verlag GmbH, Reinbek bei Hamburg
Lektorat Frank Strickstrock
«Black Holes. The BBC Reith Lectures» Copyright © 2016
by Stephen Hawking
All rights reserved
Der Vortrag «Do Black Holes Have No Hair?» wurde zuerst am
26. Januar 2016, «Black Holes Ain't As Black As They Are Painted»
am 2. Februar 2016 von BBC Radio 4 ausgestrahlt.
Die Einband- und Innenillustrationen wurden von Cognitive
(wearecognitive.com) für BBC Radio 4 produziert.
Das BBC-Logo ist ein Markenzeichen der British Broadcasting
Corporation, © BBC.

B B C

Einbandgestaltung Anzinger und Rasp, München
Einbandabbildung (Hintergrundmotiv) Nimit
Nigam / EyeEM / Getty Images
Satz aus ITC Stone PostScript, InDesign
Gesamtherstellung CPI books GmbH, Leck, Germany
ISBN 978 3 498 09188 0

INHALT

EINLEITUNG
VON DAVID SHUKMAN

ALLES AN STEPHEN HAWKING ist faszinierend: das Schicksal eines Genies, das in einen hilflosen Körper eingesperrt ist; der Anflug eines Lächelns in einem Gesicht, in dem sich nur noch ein einziger Muskel bewegt; die unverwechselbare Roboterstimme, die uns einlädt, an den wunderbaren Entdeckungsreisen eines Verstandes teilzunehmen, der die entlegensten Winkel des Universums durchstreift.

Gegen alle Wahrscheinlichkeit hat diese bemerkenswerte Persönlichkeit die üblichen Grenzen der Naturwissenschaft überschritten. Von seinem Buch *Eine kurze Geschichte der Zeit* wurde die schier unglaubliche Zahl von zehn Millionen Exemplaren verkauft. Kurzauftritte in beliebten Comedy-Shows, Einladungen ins Weiße Haus und ein Film über sein Leben, der gut ankam, sicherten ihm endgültig den Prominentenstatus. Er hat nichts weniger erreicht, als der berühmteste Wissenschaftler der Welt zu werden.

Als bei ihm in den sechziger Jahren eine amyotrophe Lateralsklerose diagnostiziert wurde, gab man ihm noch zwei Jahre. Doch ein halbes Jahrhundert später ist er noch immer in der Lage, zu forschen, zu schreiben, zu reisen und regelmäßig in den Nachrichten zu erscheinen. Seine Tochter Lucy erklärt diese ungeheure Energieleistung damit, dass er «außerordentlich stur» sei.

Was es auch sei – das Leid seiner persönlichen Geschichte oder seine Fähigkeit, die Menschen zu begeistern –, Hawking beflügelt die Phantasie. Kürzlich wies er warnend darauf hin, dass die Menschheit durch eine Reihe selbstverschuldeter Katastrophen gefährdet sei – von der globalen Erwärmung bis zu künstlich entwickelten Viren. Ein Artikel, der darüber berichtete, war die meistgelesene BBC-Webseite des Tages.

Es ist eine schreckliche Ironie des Schicksals, dass ein so begnadeter Kommunikator keine normalen Gespräche führen kann. Für Interviews müssen die Fragen vorher eingeschickt werden. Vor ein paar Jahren baten mich seine Mitarbeiter, auf jeden Smalltalk zu verzichten, weil er auch bei kürzesten Fragen endlos brauche, um seine Antworten zusammenzustellen. In der Aufregung, ihn endlich zu treffen, rutschte mir dann doch ein «Wie geht es Ihnen?» heraus, woraufhin ich lange und voller Schuldbewusstsein auf seine Antwort warten musste. Es ging ihm gut.

Eine Tafel in seinem Büro in Cambridge ist mit Gleichungen bedeckt. Mathematik in ihrer exklusivsten Form ist die Verkehrssprache der Kosmologie. Doch Stephen Hawkings besonderer Beitrag zur wissenschaftlichen Forschung ist die Fähigkeit, die Ansätze scheinbar höchst verschiedener Spezialgebiete zu vereinigen. Vor allem war er der Erste, der die ungeheure Weite des Raums mit mathematischen Techniken berechnete, die zur Untersuchung winziger Teilchen im Inneren von Atomen entwickelt wurden.

Seine Kollegen auf diesem teuflisch komplizierten Gebiet mögen befürchten, dass sie ihre Arbeit der Öffentlichkeit niemals verständlich machen können. Doch gerade das Bemühen, ein breiteres Publikum zu erreichen, ist ein Markenzeichen von Hawking. In den diesjährigen Reith-Vorträgen der BBC stellte er sich der Herausforderung, die Erkenntnisse seiner lebenslangen Beschäftigung mit Schwarzen Löchern in zwei fünfzehnminütigen Vorträgen zusammenzufassen. Für die Leser, die zwar neugierig, interessiert oder fasziniert sind, sich aber vor der Physik und Mathematik ein bisschen fürchten, habe ich an einigen Stellen Anmerkungen eingefügt, um das Verständnis zu erleichtern.

HABEN SCHWARZE LÖCHER
KEINE HAARE?

ES HEISST, die Wirklichkeit sei manchmal seltsamer als die Produkte unserer Phantasie. Nirgendwo dürfte das wahrer sein als im Fall der Schwarzen Löcher. Schwarze Löcher sind seltsamer als alles, was sich Science-Fiction-Autoren jemals hätten ausdenken können, aber sie sind gesicherte Erkenntnis der Wissenschaft. Nur allmählich hat die Wissenschaft erkannt, dass massereiche Sterne infolge der Eigengravitation in sich zusammenstürzen können, und sich mit der Frage beschäftigt, wie sich die zurückgebliebenen Objekte verhalten. Albert Einstein hat sogar 1939 in einem Aufsatz behauptet, dass Sterne keinen Gravitationskollaps erleiden könnten, weil sich Materie nicht über einen bestimmten Punkt hinaus zusammenpressen lasse. Viele Wissenschaftler teilten diese instinktive Auffassung von Einstein. Die große Ausnahme war der amerikanische Forscher John Wheeler, der in vielerlei Hinsicht der Held der Geschichte der Schwarzen Löcher ist. In seinen Arbeiten der fünfziger und sechziger Jahre vertrat er mit Nachdruck die Ansicht, dass Sterne letztendlich kollabierten,

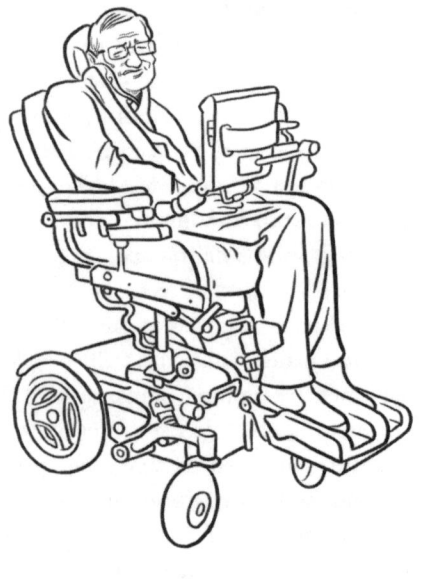

und wies auf die Probleme hin, die diese Möglichkeit für die theoretische Physik aufwerfe. Außerdem sagte er viele Eigenschaften der Objekte voraus, in die sich kollabierte Sterne verwandeln – das heißt der Schwarzen Löcher.

DS: Der Ausdruck «Schwarzes Loch» ist relativ einfach, aber es ist schwer, sich ein solches Objekt im All auszumalen. Stellen Sie sich einen riesigen Abfluss vor, in dem das Wasser strudelnd verschwindet. Sobald irgendetwas den Rand – den sogenannten Ereignishorizont – überschreitet, gibt es keinen Weg zurück. Da Schwarze Löcher eine ungeheure Anziehungskraft besitzen, wird sogar das Licht eingesaugt, sodass diese kosmischen Objekte buchstäblich unsichtbar sind. Aber Physiker wissen, dass es sie gibt, weil sie Sterne auseinanderreißen, die ihnen zu nahe kommen, und weil sie Wellen durch den Raum senden können. Eine Kollision zwischen zwei Schwarzen Löchern hat vor mehr als einer Milliarde Jahren sogenannte Gravitationswellen ausgelöst, die unlängst entdeckt wurden – eine höchst bedeutsame wissenschaftliche Leistung.

Den größten Teil seines Lebens, viele Milliarden Jahre lang, behauptet sich ein normaler Stern gegen seine Eigengravitation mittels des thermischen Drucks aufgrund von Kernprozessen, die Wasserstoff in Helium verwandeln.

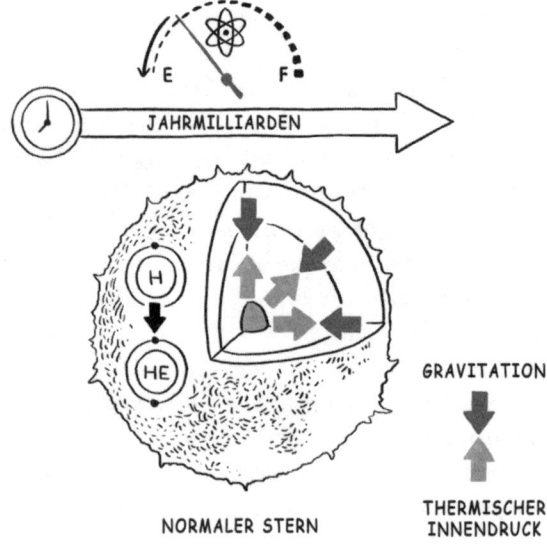

E F

JAHRMILLIARDEN

H

HE

NORMALER STERN

GRAVITATION

THERMISCHER
INNENDRUCK

DS: Die NASA vergleicht Sterne mit Dampfkochtöpfen. Die Explosivkraft der Kernfusionen in ihrem Inneren erzeugt einen Druck nach außen, der durch die alles nach innen ziehende Gravitation begrenzt wird.

Irgendwann hat der Stern jedoch seinen Kernbrennstoff aufgezehrt. Jetzt beginnt er, sich zusammenzuziehen. In einigen Fällen ist der Stern in der Lage, sich als «Weißer Zwerg» zu stabilisieren. Doch Subrahmanyan Chandrasekhar wies 1930 nach, dass die maximale Masse eines Weißen Zwergs ungefähr dem 1,4fachen der Sonne entspricht. Eine ähnliche Maximalmasse hat der sowjetische Physiker Lew Landau für einen vollkommen aus Neutronen bestehenden Stern errechnet.

DS: Weiße Zwerge und Neutronensterne waren einmal Sonnen und haben inzwischen ihren Brennstoff aufgebraucht. Ohne eine Kraft, die sie stabilisieren könnte, vermag nichts, ihre Eigengravitation davon abzuhalten, sie zu schrumpfen, mit dem Ergebnis, dass sie am Ende zu den dichtesten Objekten im Universum gehören. Doch in der Größentabelle der Sterne rangieren sie ziemlich weit unten, das heißt, sie besitzen nicht genügend Gravitationskraft, um vollständig in sich zusammenzustürzen. Daher ist für Stephen Hawking und seine Kollegen weit interessanter, was mit den wirklich großen Sternen am Ende ihres Lebens geschieht.

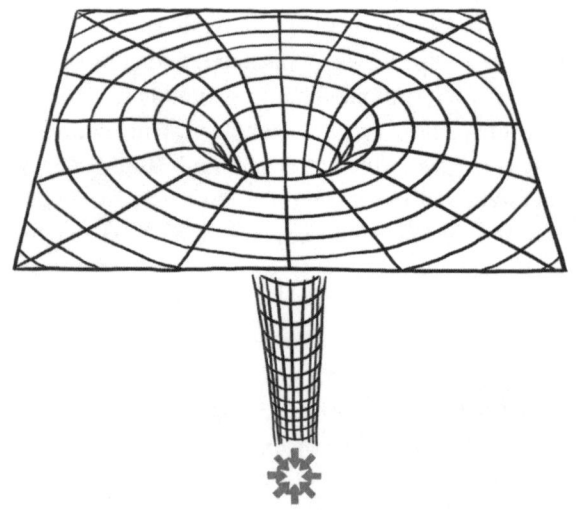

Was geschieht dann mit den zahllosen Sternen, die eine größere Masse besitzen als Weiße Zwerge oder Neutronensterne, wenn sie ihren Kernbrennstoff verbraucht haben? Mit diesem Problem beschäftigte sich Robert Oppenheimer, der später durch den Bau der Atombombe bekannt wurde. 1939 zeigte er in zwei zusammen mit George Volkoff und Hartland Snyder verfassten Arbeiten, dass ein solcher Stern nicht durch den nach außen gerichteten Druck stabilisiert werden kann. Wenn man den Druck in der Rechnung ignoriert, zieht sich ein kugelförmiger, symmetrischer Stern gleichförmiger Dichte zu einem einzigen Punkt von unendlicher Dichte zusammen. Einen solchen Punkt bezeichnen wir als Singularität.

DS: Eine Singularität entsteht, wenn ein riesiger Stern zu einem unvorstellbar kleinen Punkt zusammengepresst wird. Dieses Konzept ist ein zentrales Thema in Stephen Hawkings wissenschaftlicher Laufbahn. Es betrifft nicht das Ende eines Sterns, sondern auch, weit grundsätzlicher, die Geburt des gesamten Universums. Die weltweite Anerkennung als Wissenschaftler verdankt Hawking seinen mathematischen Arbeiten zu diesem Thema.

Alle unsere Raumtheorien gingen von der Annahme aus, die Raumzeit sei glatt und fast flach, daher versagten sie an der Singularität, wo die Krümmung der Raumzeit unendlich ist. Tatsächlich bedeutet die Singularität das Ende der Zeit selbst, ein Umstand, den Einstein äußerst anstößig fand.

DS: Nach Einsteins Allgemeiner Relativitätstheorie verzerren Objekte die Raumzeit in ihrer Umgebung. Stellen Sie sich eine Bowlingkugel auf einem Trampolin vor, die die Form des Materials verändert und dadurch bewirkt, dass kleinere Objekte in ihre Richtung rutschen. So erklärt man die Wirkung der Gravitation. Aber wenn die Bahnen in der Raumzeit immer steiler werden und die Krümmung schließlich gegen unendlich geht, lassen sich die üblichen Gesetze von Raum und Zeit nicht mehr anwenden.

Dann brach der Zweite Weltkrieg aus. Die meisten Forscher, unter ihnen auch Robert Oppenheimer, wandten ihre Aufmerksamkeit der Kernphysik zu, woraufhin das Problem des Gravitationskollapses weitgehend in Vergessenheit geriet. Erst mit der Entdeckung ferner Objekte, die als Quasare bezeichnet wurden, lebte das Interesse an dem Gegenstand wieder auf.

DS: Quasare sind die hellsten Objekte im Universum und möglicherweise auch die fernsten, die bislang entdeckt wurden. Der Name ist ein Kurzwort für «quasi-stellare Radioquellen». Man hält sie für scheibenförmige Ansammlungen von Sternen, die um Schwarze Löcher kreisen.

Der erste Quasar, 3C273, wurde 1963 entdeckt. Bald darauf folgten weitere. Obwohl sehr weit entfernt, strahlten sie hell. Kernprozesse konnten ihren Energieausstoß nicht erklären, da sie nur einen winzigen Teil ihrer Restmasse als reine Energie freisetzen. Die einzige Alternative war die Gravitationsenergie, die durch den Gravitationskollaps entfesselt wird. Auf diese Weise wurden die Gravitationskollapse von Sternen wiederentdeckt.

Es war bereits klar, dass sich ein sphärischer Stern gleichförmiger Dichte zu einem Punkt von unendlicher Dichte, einer Singularität, zusammenziehen muss. An einer Singularität gelten die Einstein'schen Feldgleichungen nicht. Daher kann man an diesem Punkt von unendlicher Dichte die Zukunft nicht vorhersagen, was wiederum zur Folge hat, dass immer, wenn ein Stern in sich zusammenstürzt, Seltsames geschehen kann. Der Ausfall der Vorhersagefähigkeit beträfe uns nicht, wenn die Singularität nackt wäre, das heißt, wenn sie nicht von der Außenwelt abgeschirmt wäre.

DS: Eine «nackte» Singularität ist ein theoretisches Szenario, in dem ein Stern kollabiert, ohne dass sich ein Ereignishorizont bildet, der ihn umgibt – dann wäre die Singularität sichtbar.

Als John Wheeler 1967 den Begriff «Schwarzes Loch» einführte, ersetzte er die frühere Bezeichnung

«gefrorener Stern». Wheelers Wortschöpfung betonte den Umstand, dass die Überreste von kollabierten Sternen um ihrer selbst willen Interesse verdienen, unabhängig von der Frage, wie sie entstanden sind. Der neue Name setzte sich rasch durch. Er beschwor etwas Dunkles und Geheimnisvolles. Aber die Franzosen sahen darin – eben weil sie Franzosen waren – eine schlüpfrige Anspielung. Jahrelang wehrten sie sich gegen die Bezeichnung *trou noir* mit der Begründung, sie sei obszön. Aber das war so vergeblich wie der Kampf gegen *le weekend* und andere Produkte des Franglais. Am Ende mussten sie nachgeben. Wer kann schon einem Namen widerstehen, der so ins Schwarze trifft?

Von außen lässt sich nicht erkennen, was sich in einem Schwarzen Loch befindet. Sie können Fernseher, Diamantringe oder sogar Ihre schlimmsten Feinde in ein Schwarzes Loch werfen, und es wird lediglich die Gesamtmasse, den Drehimpuls (Drehsinn und -geschwindigkeit) und die elektrische Ladung erinnern. Bekanntlich beschrieb John Wheeler dieses Prinzip mit den Worten: «Ein Schwarzes Loch hat keine Haare.» Dadurch sahen sich die Franzosen erst recht in ihrem Verdacht bestätigt.

Ein Schwarzes Loch hat einen Rand, den sogenannten Ereignishorizont. Dort ist die Gravitation gerade stark genug, um das Licht am Entweichen zu hindern. Da sich nichts schneller als das Licht bewegen kann, wird auch alles andere zurückgehalten.

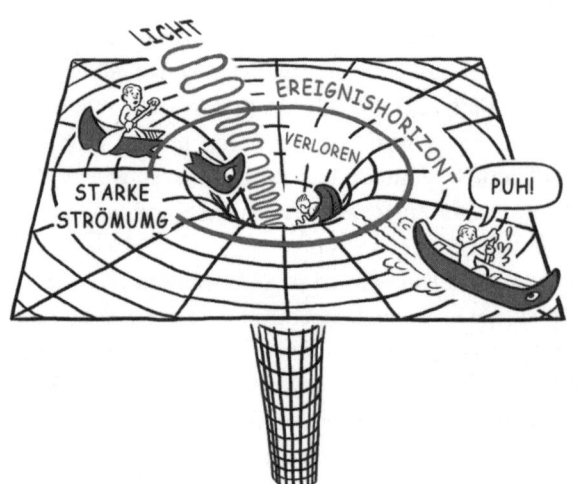

Der Sturz durch den Ereignishorizont ist in etwa so, als führe man die Niagarafälle mit einem Kanu hinunter. Befinden Sie sich oberhalb der Fälle, können Sie sich noch in Sicherheit bringen, wenn Sie kräftig genug paddeln, doch sobald Sie über den Rand hinausgelangen, sind Sie verloren. Es gibt keinen Weg zurück. Je näher Sie den Fällen kommen, desto schneller wird die Strömung. Mit anderen Worten, sie zieht stärker am Bug des Kanus als am Heck. Es besteht die Gefahr, dass das Kanu entzweigerissen wird. Gleiches gilt bei Schwarzen Löchern. Fallen Sie mit den Füßen zuerst auf ein Schwarzes Loch zu, zieht die Gravitation stärker an Ihren Füßen als an Ihrem Kopf, weil sie näher am Schwarzen Loch sind. Das hat zur Folge, dass Sie in Längsrichtung gestreckt und in Querrichtung gequetscht werden. Falls das Schwarze Loch eine Masse besitzt, die ein paarmal so groß ist wie die unserer Sonne, werden Sie auseinandergerissen und zu Spaghetti verarbeitet, bevor Sie den Horizont erreichen. Wenn Sie aber auf ein viel größeres Schwarzes Loch zufallen, das eine Million Sonnenmassen hat, erreichen Sie den Horizont ohne Schwierigkeiten. Möchten Sie also das Innere eines Schwarzen Lochs erkunden, sollten Sie sich ein großes suchen. Im Zentrum unserer Milchstraße gibt es ein Schwarzes Loch mit einer Masse, die ungefähr vier Millionen Mal so groß ist wie die der Sonne.

DS: Die Forscher glauben, dass es riesige Schwarze Löcher im Zentrum praktisch aller Galaxien gibt – eine bemerkenswerte Idee, wenn man bedenkt, dass diese Vorstellung erst kürzlich erhärtet wurde.

Obwohl Sie beim Sturz in ein Schwarzes Loch nichts dergleichen wahrnehmen würden, könnte jemand, der Sie aus der Ferne beobachtete, nicht sehen, wie Sie den Ereignishorizont überqueren. Er hätte den Eindruck, Sie würden sich immer langsamer bewegen und unmittelbar außerhalb des Schwarzen Lochs schweben. Ihr Bild würde schwächer und röter, bis der Beobachter Sie praktisch aus den Augen verlöre. Für die Außenwelt wären Sie auf immer verschollen.

Bei unseren Versuchen, diese rätselhaften Erscheinungen zu verstehen, brachte 1970 eine mathematische Entdeckung einen spektakulären Fortschritt. Wir stellten fest, dass die Fläche des Ereignishorizonts, der Randzone, die das Schwarze Loch umgibt, stets zunimmt, wenn weitere Materie oder Strahlung dem Schwarzen Loch anheimfällt. Diese Eigenschaft legt den Schluss nahe, dass eine gewisse Ähnlichkeit zwischen der Fläche des Ereignishorizonts eines Schwarzen Lochs und der klassischen Physik, vor allem dem Begriff der Entropie in der Thermodynamik, besteht. Entropie lässt sich als ein Maß der Unordnung eines Systems verstehen – oder, gleichbedeutend, als ein Mangel an Wissen über seinen exakten Zustand. Der berühmte Zweite Hauptsatz der Thermodynamik besagt, dass die Entropie mit der Zeit stets zunimmt. Die Entdeckung aus dem Jahr 1970 war der erste Hinweis auf diesen höchst bedeutsamen Zusammenhang.

> DS: Entropie ist das Bestreben aller Dinge, die geordnet sind, im Laufe der Zeit ungeordneter zu werden – so wird beispielsweise aus Ziegelsteinen, die sauber zu einer Mauer geschichtet sind (niedrige Entropie) irgendwann ein unordentlicher Haufen Staub (hohe Entropie). Dieser Prozess wird im Zweiten Hauptsatz der Thermodynamik beschrieben.

Zwar war der Zusammenhang zwischen Entropie und der Fläche des Ereignishorizonts unstrittig, aber wir wussten nicht, wie wir die Entropie eines Schwarzen Lochs bestimmen sollten. Was war unter der Entropie eines Schwarzen Lochs zu verstehen? Der entscheidende Hinweis kam im Jahr 1972 von Jacob Bekenstein, einem Doktoranden der Princeton University, der später an der Hebräischen Universität von Jerusalem arbeitete. Seine Annahme lautete folgendermaßen: Wenn ein Schwarzes Loch durch einen Gravitationskollaps erzeugt wird, nimmt es rasch einen stationären Zustand an, der durch lediglich drei Parameter charakterisiert ist – Masse, Drehimpuls und elektrische Ladung. Von diesen drei Eigenschaften abgesehen, bleiben im Schwarzen

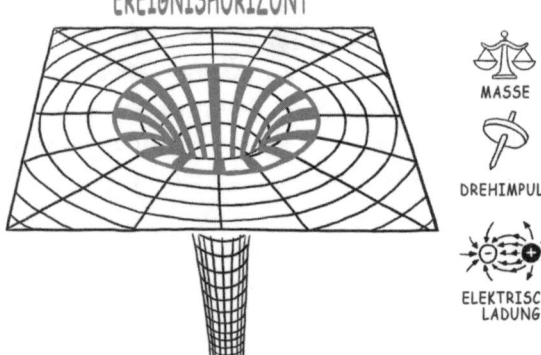

EREIGNISHORIZONT

MASSE

DREHIMPULS

ELEKTRISCHE
LADUNG

Loch keine weiteren Einzelheiten des kollabierten Objekts erhalten.

Dieses Theorem hat Konsequenzen für die Information, Information in der kosmologischen Bedeutung des Wortes: die Annahme, dass jedes Teilchen und jede Kraft im Universum eine implizite Antwort auf eine Ja-nein-Frage hat.

DS: In diesem Zusammenhang bezeichnet Information alle Einzelheiten jedes Teilchens und jeder Kraft, die mit einem Objekt assoziiert sind. Je ungeordneter etwas ist – je höher seine Entropie ist –, desto mehr Informationen sind erforderlich, um es zu beschreiben. Der Physiker und Fernsehjournalist Jim Al-Khalili erklärt es am Beispiel von Spielkarten: Ein gut gemischter Kartenstapel besitzt eine höhere Entropie als ein ungemischter, daher braucht man für seine Beschreibung mehr Erklärungen, mehr Information.

Nach Bekensteins Theorem geht bei einem Gravitationskollaps eine große Informationsmenge verloren. Beispielsweise spielt es für den Endzustand eines Schwarzen Lochs keine Rolle, ob der kollabierte Körper aus Materie oder Antimaterie bestand oder ob er kugelförmig oder von äußerst unregelmäßiger Form war. Mit anderen Worten, ein Schwarzes Loch, dessen Masse, Drehimpuls und elektrische Ladung gegeben sind, könnte durch den Kollaps einer großen Zahl verschiedener Materiekonfigurationen gebildet

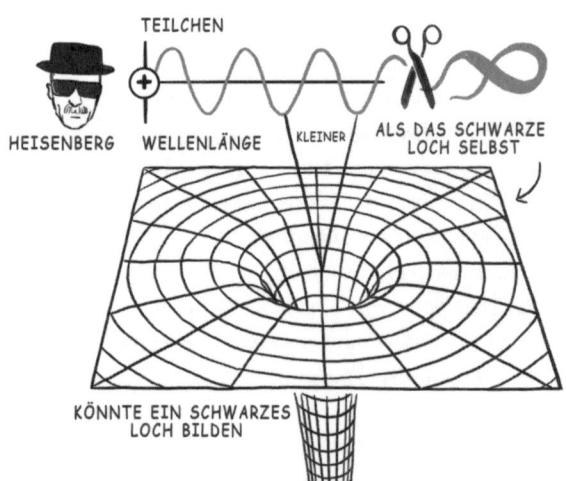

UNSCHÄRFERELATION

TEILCHEN

HEISENBERG   WELLENLÄNGE   KLEINER   ALS DAS SCHWARZE
LOCH SELBST

KÖNNTE EIN SCHWARZES
LOCH BILDEN

worden sein – unter anderem auch durch sehr viele unterschiedliche Sterntypen. Ohne Berücksichtigung der Quanteneffekte wäre sogar eine unendliche Zahl potenzieller Konfigurationen möglich, da das Schwarze Loch auch durch den Kollaps einer unbestimmt großen Zahl unbestimmt massearmer Teilchen entstanden sein könnte. Aber wäre eine unendliche Zahl von Konfigurationen wirklich denkbar? Hier kommen die Quanteneffekte ins Spiel.

Die Unschärferelation der Quantenmechanik hat zur Folge, dass nur Teilchen mit einer Wellenlänge, die kleiner als das Schwarze Loch selbst ist, ein Schwarzes Loch bilden können. Daraus folgt, dass der Bereich potenzieller Wellenlängen begrenzt ist: Er kann nicht unendlich sein.

DS: Die Unschärferelation, die der berühmte deutsche Physiker Werner Heisenberg in den zwanziger Jahren entwickelt hat, besagt, dass wir den Aufenthaltsort der kleinsten Teilchen nicht exakt messen oder vorhersagen können, ohne andere ihrer Eigenschaften drastisch zu verändern. Wo in der Natur die Quantentheorie regiert, gibt es also eine fundamentale Unbestimmtheit, ganz anders als im deterministischen Kosmos Isaac Newtons.

Offenbar ist also die Zahl der Konfigurationen, die ein Schwarzes Loch mit vorgegebener Masse, Drehimpuls und Ladung bilden können, zwar sehr groß, aber endlich. Jacob Bekenstein äußerte die Vermutung, man könne aus dieser endlichen Zahl die Entropie eines Schwarzen Lochs ableiten. Das wäre ein Maß für die Informationsmenge, die während der Entstehung des Schwarzen Lochs bei dem Kollaps unwiderruflich verlorenging.

Allerdings schien Bekensteins Vorschlag einen grundlegenden Fehler zu haben: Wenn ein Schwarzes Loch eine endliche Entropie proportional zur Fläche seines Ereignishorizonts hätte, müsste es auch eine endliche Temperatur besitzen, die proportional zu seiner Oberflächengravitation wäre. Das hieße, dass sich ein Schwarzes Loch in Hinblick auf seine Wärmestrahlung im Gleichgewicht befände – bei einer endlichen Temperatur. Doch nach der klassischen Theorie ist kein derartiges Gleichgewicht möglich, weil das Schwarze Loch danach zwar alle Wärmestrahlung absorbiert, die in es hineinfällt, aber definitionsgemäß nicht in der Lage ist, irgendetwas wieder abzustrahlen. Es kann nichts emittieren. Es kann keine Wärme emittieren.

DS: Wenn Information verlorengeht, was offenbar in einem Schwarzen Loch geschieht, müsste in irgendeiner Weise Energie freigesetzt werden – aber das widerspricht der Theorie, dass Schwarzen Löchern nichts entkommen kann.

Das ist ein Paradox, auf das ich in meinem nächsten Vortrag zurückkommen werde, wenn ich mich mit der Frage beschäftige, wie Schwarze Löcher das fundamentale Prinzip des vorhersagbaren Universums und der Bestimmtheit des Verlaufs der Geschichte in Frage stellen, und erörtere, was mit Ihnen geschehen würde, sollten Sie jemals in eines gezogen werden.

DS: So haben wir Stephen Hawking also auf einer wissenschaftlichen Reise begleitet: von Einsteins Behauptung, Sterne könnten nicht kollabieren, über die Erkenntnis, dass es Schwarze Löcher wirklich gibt, bis zu den widerstreitenden Theorien über die Frage, wie diese unheimlichen Phänomene beschaffen sind und sich entwickeln.

SCHWARZE LÖCHER SIND NICHT
SO SCHWARZ,
WIE SIE GEMALT WERDEN

IN MEINEM vorherigen Vortrag ließ ich Sie mit einem Cliffhanger, einem offenen Ende, zurück – mit einem Paradox über die Beschaffenheit Schwarzer Löcher, dieser unglaublich dichten Objekte, die durch den Kollaps von Sternen geschaffen werden. Eine Theorie besagte, Schwarze Löcher mit gleichen Eigenschaften entstünden aus einer unendlichen Zahl unterschiedlicher Sternentypen. Nach einer anderen Theorie könnte die Zahl möglicher Typen endlich sein. Das ist ein Informationsproblem, nämlich die Idee, dass jedes Teilchen und jede Kraft im Universum eine implizite Antwort auf eine Ja-nein-Frage enthält.

Gemäß dem Satz «Schwarze Löcher haben keine Haare» des Physikers John Wheeler lässt sich von außen nicht feststellen, was sich – abgesehen von Masse, Drehimpuls und elektrischer Ladung – im Inneren eines Schwarzen Lochs befindet. Mit anderen Worten, ein Schwarzes Loch enthält eine Menge Information, die vor der Außenwelt verborgen ist. Wenn die in einem Schwarzen Loch versteckte Infor-

ABENTEUER

mationsmenge von seiner Größe abhinge, wäre aufgrund allgemeiner Prinzipien zu erwarten, dass das Schwarze Loch eine Temperatur besäße und glühen würde wie ein Stück heißes Metall. Aber das war nach damaliger Meinung unmöglich, da doch jeder wusste oder zu wissen glaubte, dass aus einem Schwarzen Loch nichts entkommt.

Dieses Paradox blieb bis Anfang 1974 bestehen, bis ich untersuchte, wie sich Materie in der Nachbarschaft eines Schwarzen Lochs verhielte, wenn man die Quantenmechanik zugrunde legt.

DS: Die Quantenmechanik ist die Lehre von den extrem kleinen Objekten und dient dazu, das Verhalten winzigster Teilchen zu erklären. Diese folgen nämlich nicht den Newton'schen Gesetzen, die die Bewegungen sehr viel größerer Objekte wie der Planeten bestimmen. Die Untersuchung des sehr Großen mit Hilfe der Theorie des sehr Kleinen war eine der bahnbrechenden Leistungen von Stephen Hawking.

Zu meiner großen Überraschung stellte ich fest, dass das Schwarze Loch offenbar stetig Teilchen emittiert. Wie alle anderen akzeptierte ich damals die These, dass ein Schwarzes Loch nichts abstrahlt. Daher gab ich mir große Mühe, diesen störenden Effekt zu eliminieren. Doch je näher ich mich mit ihm beschäftigte, desto hartnäckiger weigerte er sich zu verschwinden, sodass ich ihn am Ende akzeptieren musste. Was mich schließlich davon überzeugte, dass es sich um einen realen physikalischen Prozess handle, war der Umstand, dass die Wellenlänge der austretenden Teilchen exakt thermisch war. Meine Berechnungen sagten vorher, dass ein Schwarzes Loch Teilchen und Strahlung erzeugt und emittiert, als wäre es ein gewöhnlicher heißer Körper – mit einer Temperatur, die sich zu seiner Oberflächengravitation proportional und zu seiner Masse umgekehrt proportional verhält.

DS: Diese Berechnungen zeigten erstmals, dass ein Schwarzes Loch keine Einbahnstraße oder Sackgasse sein muss. Wie üblich in solchen Fällen erhielten die aufgrund dieser Theorie vermuteten Emissionen den Namen Hawking-Strahlung.

Seither ist die mathematische Evidenz, dass große Schwarze Löcher thermische Strahlung emittieren, mehrfach mit Hilfe unterschiedlicher Methoden bestätigt worden. Eine Möglichkeit zum Verständnis dieser Emissionen ist die folgende Überlegung: Aus der Quantenmechanik folgt, dass der Raum mit Paaren virtueller Teilchen und Antiteilchen gefüllt ist, die sich ständig paarweise materialisieren, sich trennen, wieder zusammenkommen und sich gegenseitig vernichten.

DS: Dieses Konzept beruht auf dem Gedanken, dass ein Vakuum nie ganz leer ist. Nach der Unschärferelation der Quantenmechanik besteht immer die Möglichkeit, dass Teilchen entstehen, mag ihre Existenz auch noch so kurz andauern. Dabei würde es sich stets um Teilchenpaare mit gegensätzlichen Eigenschaften handeln, die auftauchen und gleich wieder verschwinden.

Diese Teilchen heißen «virtuell», weil sie im Gegensatz zu realen Teilchen nicht mit einem Teilchendetektor direkt beobachtet werden können. Trotzdem lassen sich ihre indirekten Effekte messen. Ihre Existenz ist durch eine kleine Verschiebung, die sogenannte Lamb-Shift, bestätigt worden, eine Verschiebung der Energieniveaus angeregter Wasserstoffatome. In Gegenwart eines Schwarzen Lochs kann ein Mitglied eines virtuellen Teilchenpaares in das Loch fallen und damit das andere Mitglied ohne den zur gegenseitigen Vernichtung erforderlichen Partner zurücklassen. Möglicherweise folgt das verlassene Teilchen oder Antiteilchen dem Beispiel seines Partners und stürzt ebenfalls in das Schwarze Loch, aber es kann auch ins Unendliche entkommen, wo es als eine vom Schwarzen Loch emittierte Strahlung in Erscheinung tritt.

DS: Der entscheidende Punkt ist hier, dass diese Teilchen normalerweise unbemerkt entstehen und verschwinden. Doch wenn sich der Prozess direkt am

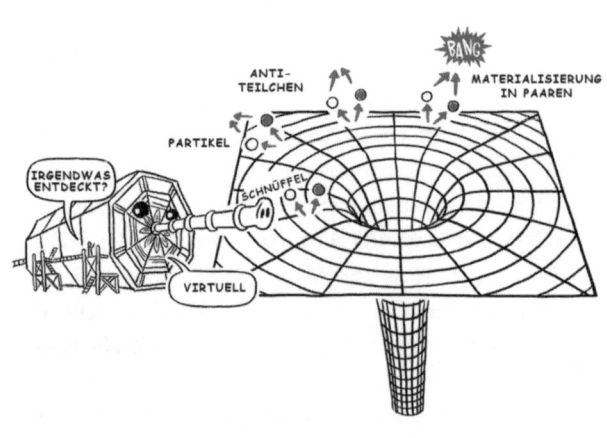

Rand eines Schwarzen Lochs ereignet, ist es möglich,
dass ein Mitglied des Paars hineingezogen wird, das
andere aber nicht. Das entkommende Teilchen erweckt
den Eindruck, es sei von dem Schwarzen Loch «aus-
gespien» worden.

Ein Schwarzes Loch von der Masse der Sonne würde
diese Teilchen in so geringem Maße freisetzen, dass
sie unmöglich zu entdecken wären. Es könnte allerdings sehr viel kleinere «Schwarze Minilöcher»
geben, etwa von der Größe eines Bergs. Ein solches
Schwarzes Loch würde Röntgen- und Gammastrah-
lung mit einer Leistung von ungefähr zehn Millionen Megawatt abstrahlen, genug, um den gesamten
Elektrizitätsbedarf der Erde zu decken. Allerdings
wäre es nicht gerade leicht, ein Schwarzes Miniloch
nutzbar zu machen. Man könnte es nicht in einem
Kraftwerk verwenden, weil es durch den Boden fiele
und im Mittelpunkt der Erde landen würde. Wenn
wir ein solches Schwarzes Loch hätten, wäre wohl die
einzige Möglichkeit, seiner habhaft zu werden, es in
eine Umlaufbahn um die Erde zu bringen.

Inzwischen sucht man nach Schwarzen Minilöchern
von entsprechender Masse, hat aber bislang keine
gefunden. Das ist schade, weil ich sonst einen Nobelpreis bekommen hätte! Eine andere Möglichkeit
wäre jedoch, dass wir Schwarze Mikrolöcher in den
Extradimensionen der Raumzeit erzeugen könnten.

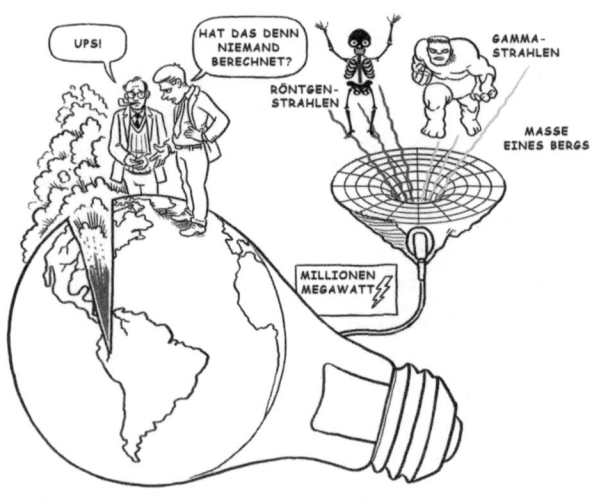

DS: Mit diesen «Extradimensionen» sind Dimensionen jenseits jener drei gemeint, die wir alle aus unserer alltäglichen Welt kennen, und jenseits auch der vierten Dimension, der Zeit. Die Hypothese entstand, als man zu erklären versuchte, warum die Gravitation so viel schwächer ist als andere Kräfte wie zum Beispiel der Magnetismus. Man vermutete nämlich, sie müsse auch in Paralleldimensionen wirken.

Nach einigen Theorien ist das Universum, das unserer Erfahrung zugänglich ist, nur die vierdimensionale Oberfläche eines zehn- oder elfdimensionalen Raums. Der Film *Interstellar* vermittelt eine gewisse Vorstellung davon, wie es sein könnte: Wir sähen diese zusätzlichen Dimensionen nicht, weil sich das Licht nicht in ihnen ausbreiten würde, sondern nur in den vier Dimensionen unseres Universums. Die Gravitation jedoch würde sich auf die Extradimensionen auswirken und wäre dort viel stärker als in unserem Universum. Dadurch könnte sich ein kleines Schwarzes Loch leichter in den Extradimensionen bilden.

Möglicherweise wird sich das im LHC, dem Large Hadron Collider am CERN in der Schweiz, beobachten lassen. Dieser Große Hadronen-Speicherring besteht aus einem Ringtunnel von 27 Kilometern Länge. Darin lässt man zwei Teilchenstrahlen in entgegengesetzten Richtungen kreisen und aufeinanderprallen. Einige dieser Kollisionen könnten Schwarze Mikrolöcher erzeugen, die Teilchen in einem leicht

VIER DREI ZWEI EINS

ZEHN ODER ELF DIMENSIONEN

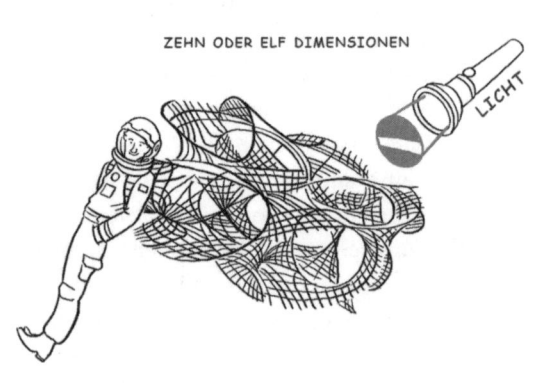

LICHT

erkennbaren Muster abstrahlen würden. Dann bekäme ich vielleicht doch noch einen Nobelpreis!

DS: Der Nobelpreis in Physik wird verliehen, wenn eine Theorie sich «im Laufe der Zeit bewährt» (tested by time), was in der Praxis heißt, wenn sie durch empirische Daten bestätigt worden ist. Beispielsweise war Peter Higgs einer der Wissenschaftler, der in den sechziger Jahren das Vorhandensein eines Teilchens postuliert hat, das anderen Teilchen ihre Masse verleiht. Fast fünfzig Jahre später entdeckten zwei verschiedene Detektoren am Large Hadron Collider Anzeichen des Teilchens, das als Higgs-Boson bekannt war. Das war ein Triumph von Wissenschaft und Technik, einer intelligenten Theorie und aufwendiger Empirie. Anschließend erhielten Peter Higgs und der belgische Physiker François Englert gemeinsam den Nobelpreis. Bislang ist noch kein empirischer Beweis für die Hawking-Strahlung gefunden worden, und manche Wissenschaftler meinen, ihr Nachweis werde auch weiterhin zu schwierig sein. Doch wer weiß, angesichts der immer eingehenderen Untersuchung Schwarzer Löcher wird die Bestätigung eines Tages vielleicht doch noch gelingen.

In dem Maße, wie Teilchen einem Schwarzen Loch entweichen, wird dieses an Masse verlieren und schrumpfen. Irgendwann hat das Schwarze Loch seine ganze Masse verloren und verschwindet. Was geschieht dann mit all den Teichen und unglücklichen Astronauten, die in das Schwarze Loch gefallen sind? Sie können nicht wieder auftauchen, wenn das Schwarze Loch verschwindet. Es sieht so aus, als gingen – abgesehen von der Gesamtmasse, dem Drehimpuls und der elektrischen Ladung – die Informationen darüber, was in das Schwarze Loch gefallen ist, verloren. Aber der Verlust von Informationen wirft ein gravierendes Problem auf, das unser Wissenschaftsverständnis unmittelbar betrifft.

Seit mehr als zweihundert Jahren glauben wir an den wissenschaftlichen Determinismus, das heißt daran, dass die Naturgesetze die Entwicklung des Universums bestimmen. Dieses Prinzip hatte Pierre-Simon Laplace formuliert, der sagte, wenn wir den Zustand des Universums zu einem bestimmten Zeitpunkt kennen, bestimmen die Naturgesetze seinen Gang für alle Zeiten – für Vergangenheit und Zukunft gleichermaßen. Napoleon soll Laplace gefragt haben, wie Gott in dieses Bild passe. Laplace: «Sire, ich habe dieser Hypothese nicht bedurft.» Ich glaube nicht, dass Laplace damit behaupten wollte, Gott gebe es nicht – sondern nur, dass er nicht eingreife, um die Naturgesetze außer Kraft zu setzen. Das muss die Position jedes Naturwissenschaftlers sein. Ein Naturgesetz ist kein Naturgesetz, wenn es nur gilt, solange ein übernatürliches Wesen beschließt, die Dinge ihren Gang gehen zu lassen und nicht einzugreifen.

In Laplace' deterministischem Weltbild müssen wir nur die Aufenthaltsorte und Geschwindigkeiten aller Teilchen zu einem bestimmten Zeitpunkt kennen, um die Zukunft vorhersagen zu können. Allerdings dürfen wir die Unschärferelation nicht vernachlässigen, die Werner Heisenberg 1927 formulierte und die den Kern der Quantenmechanik bildet.

Sie besagt: Je genauer wir die Aufenthaltsorte von Teilchen kennen, desto weniger wissen wir über ihre Geschwindigkeiten und umgekehrt. Mit anderen Worten, wir können nicht zugleich die Aufenthaltsorte und die Geschwindigkeiten genau kennen. Wie können wir dann die Zukunft genau vorhersagen? Die Antwort lautet: Wir sind zwar nicht in der Lage, die Aufenthaltsorte und Geschwindigkeiten separat vorherzusagen, wohl aber das, was als «Quantenzustand» bezeichnet wird. Mit Hilfe dieses Zustands können wir Aufenthaltsorte und Geschwindigkeiten mit einem gewissen Maß an Genauigkeit berechnen. Insofern betrachten wir das Universum immer noch als deterministisch, denn wenn wir den Quantenzustand des Universums zu einem bestimmten Zeitpunkt kennen, sollten uns die Naturgesetze ermöglichen, ihn für jeden anderen Zeitpunkt vorherzusagen.

DS: Was als eine Erklärung der Geschehnisse am Ereignishorizont begann, hat sich zu einer Erörterung einiger der bedeutendsten philosophischen Themen der Natur-

wissenschaften vertieft – von Newtons Uhrwerk-Welt über die Laplace'schen Überlegungen bis hin zu Heisenbergs Unschärfe und letztlich zu den Punkten, an denen die Naturgesetze durch das Rätsel der Schwarzen Löcher in Frage gestellt werden. Während nach Einsteins Allgemeiner Relativitätstheorie die Information, die in ein Schwarzes Loch eintritt, vernichtet wird, besagt die Quantentheorie, dass sie nicht zerstört werden kann.

Wenn Information in Schwarzen Löchern verlorenginge, wären wir nicht in der Lage, die Zukunft vorherzusagen, weil ein Schwarzes Loch jede Teilchenkonfiguration emittieren könnte. Etwa einen funktionierenden Fernsehapparat oder einen ledergebundenen Band mit Shakespeares gesammelten Werken, wenn auch die Wahrscheinlichkeit solcher exotischer Emissionen sehr gering ist. Man könnte meinen, es spiele keine große Rolle, ob wir vorhersagen können, was aus einem Schwarzen Loch herauskommt. Schließlich gibt es keine Schwarzen Löcher in unserer Nähe. Es ist jedoch eine Frage des Prinzips.

Wenn der Determinismus, die Vorhersagbarkeit des Universums, für Schwarze Löcher nicht mehr gilt, könnte er auch in anderen Situationen seine Geltung verlieren. Noch schlimmer, wir wären uns auch unserer Vergangenheit nicht mehr sicher. Die Geschichtsbücher und unsere Erinnerungen könnten Illusionen sein. Die Vergangenheit sagt uns, wer wir sind; ohne sie verlieren wir unsere Identität.

Daher war es sehr wichtig herauszufinden, ob Information in Schwarzen Löchern wirklich verlorengeht oder ob sie sich prinzipiell wiedergewinnen lässt. Viele Forscher waren der Meinung, sie würde nicht einfach verschwinden, aber keiner konnte einen Mechanismus vorschlagen, der für ihre Sicherung hätte sorgen können. Jahrelang wurde über die Frage gestritten. Schließlich fand ich, wie ich glaube, die Antwort. Ihr Ausgangspunkt ist die Idee von Richard Feynman, dass es anstelle einer einzigen Geschichte viele verschiedene mögliche Geschichtsverläufe gibt, jede mit ihrer eigenen Wahrscheinlichkeit. In diesem Fall sind es zwei Geschichten. In der einen existiert ein Schwarzes Loch, und es können Teilchen hineinfallen, in der anderen nicht.

Denn es ist ja so, dass man sich von außen nicht sicher sein kann, ob es sich um ein Schwarzes Loch handelt oder nicht. Daher besteht immer die Möglichkeit, dass es kein Schwarzes Loch ist. Das genügt, um die Information zu bewahren, aber die Information wird auf keine sehr nützliche Weise zurückgegeben. Es ist so, als verbrenne man eine Enzyklopädie. Die Information ist nicht verloren, wenn man den ganzen Rauch und alle Asche aufbewahrt, aber sie ist schwer zu lesen. Der Physiker Kip Thorne und ich haben mit John Preskill, einem anderen Forscher, gewettet, dass die Information in einem Schwarzen

Loch verlorengeht. Als ich entdeckte, wie Information bewahrt werden könnte, gestand ich meine Niederlage ein. Ich schenkte John Preskill eine Enzyklopädie. Vielleicht hätte ich ihm nur die Asche geben sollen.

DS: Theoretisch und mit einer rein deterministischen Auffassung des Universums könnten Sie eine Enzyklopädie verbrennen und sie dann wiederherstellen – wenn Sie die Eigenschaften und den Aufenthaltsort eines jeden Atoms kennen würden, aus dem jedes Molekül Tinte und Papier bestünde, und ständig im Blick behielten.

Gegenwärtig arbeite ich mit meinem Kollegen Malcolm Perry aus Cambridge und Andrew Strominger von der Harvard University an einer neuen Theorie, die auf dem mathematischen Konzept der sogenannten Supertranslationen basiert. Sie soll die Mechanismen erklären, die dafür sorgen, dass aus dem Schwarzen Loch Information freigegeben wird. Nach unserer Theorie wird die Information im Horizont des Schwarzen Lochs verschlüsselt. Behalten Sie es im Auge!

DS: Nachdem die Reith-Vorträge aufgezeichnet worden waren, haben Professor Hawking und seine Kollegen einen Artikel veröffentlicht, in dem sie mathematisch belegen, dass Information im Ereignishorizont gespei-

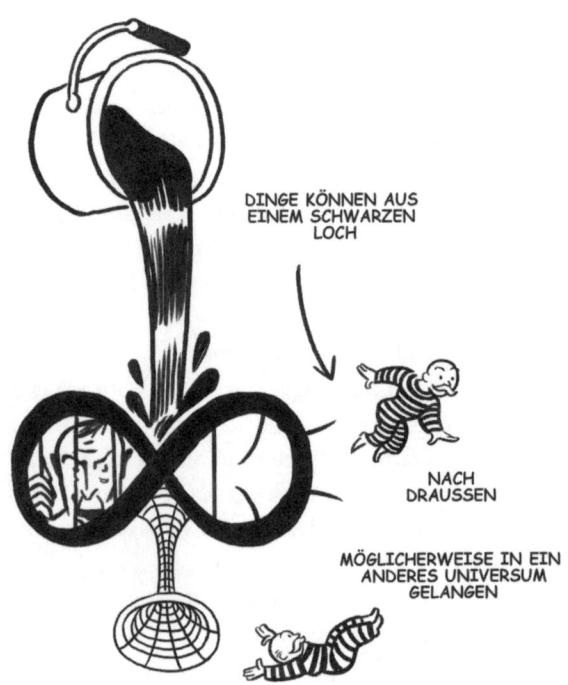

DINGE KÖNNEN AUS EINEM SCHWARZEN LOCH

NACH DRAUSSEN

MÖGLICHERWEISE IN EIN ANDERES UNIVERSUM GELANGEN

chert werden kann. Die Theorie geht davon aus, dass Information mittels eines Prozesses, der als Supertranslation bezeichnet wird, in ein zweidimensionales Hologramm verwandelt werden kann. Der Artikel trägt den Titel «Soft Hair on Black Holes» und vermittelt einen höchst aufschlussreichen Eindruck von der esoterischen Sprache dieses Forschungsfelds (siehe den am Ende dieses Vortrags abgedruckten Abstract) und von den Herausforderungen, vor denen Physiker stehen, wenn sie versuchen, ihre Forschungsergebnisse zu erklären.

Was verrät uns das über die Möglichkeit, in ein Schwarzes Loch zu fallen und in einem anderen Universum wieder herauszukommen? Die Existenz alternativer Geschichten mit und ohne Schwarze Löcher legt nahe, dass es möglich wäre. Das Loch müsste groß sein und könnte, würde es rotieren, einen Übergang in ein anderes Universum haben. Allerdings kämen Sie nicht zurück. Daher werde ich es nicht versuchen, obwohl ich gerne einmal einen Raumflug unternehmen würde.

DS: Wenn ein Schwarzes Loch rotiert, besteht sein Kern vielleicht nicht aus einer Singularität in Gestalt eines unendlich dichten Punkts. Stattdessen könnte das eine Singularität in Form eines Rings sein. Das lässt Raum für die Spekulation, dass man nicht nur in ein Schwarzes Loch fallen, sondern auch hindurchreisen und damit das Universum, wie wir es kennen, ver-

lassen könnte. Und Stephen Hawking schließt mit der faszinierenden Idee, dass etwas auf der anderen Seite sein könnte.

Meine Botschaft lautet also, dass Schwarze Löcher nicht so schwarz sind, wie sie gemalt werden. Sie sind nicht die ewigen Gefängnisse, die wir uns einst vorgestellt haben. Dinge können aus einem großen Schwarzen Loch entkommen, in dieses Universum und vielleicht auch in ein anderes. Wenn Sie also das Gefühl haben, in ein Schwarzes Loch gefallen zu sein, geben Sie nicht auf: Es gibt einen Ausweg!

WEICHES HAAR AUF
SCHWARZEN LÖCHERN

Stephen W. Hawking*, Malcom J. Perry*
und Andrew Strominger**

*DAMPT, Centre for Mathematical Sciences,
University of Cambridge, Cambridge, CB3 0WA UK
**Center for the Fundamental Laws of Nature,
Harvard University, Cambridge, MA 02138, USA

Abstract

Kürzlich konnte gezeigt werden, dass BMS-Supertranslations-
symmetrien zu einer unendlichen Zahl von Erhaltungssätzen für
alle Gravitationstheorien in asymptotischen Minkowski-Raum-
zeiten führen. Aufgrund dieser Erhaltungssätze müssen sich auf
Schwarzen Löchern große Mengen von «weichen» (d. h. mit ver-
schwindender Energie) Supertranslationshaaren befinden. Ent-
sprechend lässt die Anwesenheit eines Maxwell-Felds auf weiche
elektrische Haare schließen. Die vorliegende Arbeit liefert eine
explizite Beschreibung von weichem Haar in Gestalt weicher
Gravitonen oder Photonen auf dem Horizont Schwarzer Löcher
und zeigt, dass die vollständige Information über ihren Quantenzustand in einem holographischen Abbild auf dem zukünftigen
Horizont gespeichert wird. Mittels Ladungserhaltung lässt sich
eine unendliche Zahl exakter Beziehungen zwischen den Ver-
dunstungsprodukten Schwarzer Löcher angeben, die sich durch
weiche Haare unterscheiden, aber ansonsten identisch sind. Weiterhin wird dargelegt, dass weiche Haare, die räumlich weit unter-
halb der Planck-Länge lokalisiert sind, nicht in einem physika-
lisch realisierbaren Prozess angeregt werden können, woraus sich
eine effektive Zahl von weichen Freiheitsgraden proportional zur
Horizontfläche, gemessen in Planck-Einheiten, ergibt.

Aus dem Englischen von Bernd Schuh

STEPHEN HAWKING wurde 1942 geboren. 1962 erfuhr der junge Student, dass er an einer unheilbaren Motoneuronen-Erkrankung leide und nur noch wenige Monate zu leben habe. Trotzdem setzte er seine Studien fort und ging an die Universität Cambridge, wo ihm freie Hand für seine einflussreichen Arbeiten gegeben wurde. Dreißig Jahre lang, bis 2009, war er «Lucasischer Professor für Mathematik» im Fachbereich für angewandte Mathematik und theoretische Physik – ein Lehrstuhl, den in der zweiten Hälfte des 17. Jahrhunderts Isaac Newton innehatte.

Heute ist Professor Hawking Forschungsdirektor am Centre for Theoretical Cosmology der University of Cambridge. Für seine Beiträge zur modernen Kosmologie hat er zahlreiche Auszeichnungen erhalten, darunter 2009 die US Presidential Medal of Freedom und 2013 den Special Fundamental Physics Prize. Außerdem ist er Fellow der Royal Society und Mitglied der US National Academy of Science.

Stephen Hawking ist Autor des Weltbestsellers *Eine kurze Geschichte der Zeit*. Zu seinen weiteren, sehr erfolgreichen populärwissenschaftlichen Büchern zählen *Die kürzeste Geschichte der Zeit*, die Aufsatzsammlung *Einsteins Traum, Expeditionen an die Grenzen der Raumzeit, Das Universum in der Nussschale* und *Der große Entwurf. Eine neue Erklärung des Universums.* Er lebt in Cambridge (GB).

DAVID SHUKMAN ist Wissenschaftsredakteur bei BBC News und berichtet seit 2003 über naturwissenschaftliche und ökologische Themen. Seine Reportagen reichen vom Start des letzten amerikanischen Spaceshuttles bis zu den Entdeckungen am Large Hadron Collider. Shukman, der mit seinen Beiträgen regelmäßig in den «News at Ten» der BBC auftritt, hat drei Bücher veröffentlicht.

Wenn Sie mehr von Stephen Hawking lesen möchten…

EINE KURZE GESCHICHTE DER ZEIT
Die Suche nach der Urkraft des Universums

Stephen Hawking beginnt sein international gefeiertes Meisterwerk mit einem Rückblick auf die großen Theorien des Kosmos von Newton bis Einstein, bevor er sich mit den zentralen Rätseln von Zeit und Raum beschäftigt – vom Urknall über Spiralgalaxien und Stringtheorie bis zu Schwarzen Löchern. Erstmals 1988 veröffentlicht, bleibt *Eine kurze Geschichte der Zeit* ein fester Bestandteil des naturwissenschaftlichen Kanons und macht mit seiner knappen und klaren Sprache auch heute noch zahllose Leser mit den Wundern des Universums bekannt.

EINSTEINS TRAUM
Expeditionen an die Grenzen der Raumzeit

Diese erste Sammlung kürzerer Schriften über Themen, die von sehr subjektiven Erinnerungen bis zu
objektiven wissenschaftlichen Erörterungen reichen,
zeigt Stephen Hawking als Wissenschaftler, als Menschen, als engagierten Weltbürger und – stets – als
strengen und ideenreichen Denker. Ob er sich an
seine ersten Erlebnisse im Kindergarten erinnert, den
Hochmut der Kollegen kritisiert, die meinen, Wissenschaft werde nur von anderen Wissenschaftlern wirklich verstanden und sollte daher ihnen überlassen
bleiben, ob er vom Ursprung und von der Zukunft
des Universums berichtet oder sich Gedanken über
den phänomenalen Erfolg seines Buchs *Eine kurze
Geschichte der Zeit* macht – stets ist er geistreich, klar,
direkt, und er beweist, dass er zu den größten Erklä-
rern unserer Zeit gehört.

DER GROSSE ENTWURF
Eine neue Erklärung des Universums
(mit Leonard Mlodinow)

Wann und wie begann das Universum? Warum sind wir hier? Ist der scheinbar «große Plan» der Beweis für einen gütigen Schöpfer, der die Dinge in Bewegung gesetzt hat? Oder liefert uns die Wissenschaft eine andere Erklärung? In seinem jüngsten wissenschaftlichen Werk, das in Zusammenarbeit mit dem amerikanischen Physiker und Schriftsteller Leonard Mlodinow entstand, berichtet Stephen Hawking in einer Sprache, die so elegant wie klar ist, über die neuesten wissenschaftlichen Lösungsansätze für die Rätsel des Universums. Modellabhängiger Realismus, Multiversum, Top-down-Theorie der Kosmologie, vereinheitlichte M-Theorie – über all das erfahren wir in dieser illustrierten Einführung in eine Reihe von Entdeckungen, die im Begriff stehen, unser Weltbild zu verändern und einige unserer liebsten Überzeugungen in Frage zu stellen.

MEINE KURZE GESCHICHTE

Der Jahrhundertphysiker Stephen Hawking lässt sein ganzes privates und wissenschaftliches Leben Revue passieren – mit seinen eigenen Worten und in einem Buch voller Weisheit und Humor: über seine Kindheit im Nachkriegsengland, seine Familie und seine zwei Ehen. Über das Leben mit der Krankheit und der ständigen Todesgefahr. Über Weltreisen, Leidenschaften und schräge Wetten unter Kosmologen.

Zugleich stellt Stephen Hawking seine großen theoretischen Entdeckungen in ein neues Licht: seine Arbeiten über Schwarze Löcher, den Urknall und über Imaginäre Zeit, die einen neuen Blick auf die Geschichte des Universums eröffneten und ihn berühmt gemacht haben.

Gleichzeitig mit diesem Buch erscheint von
Stephen Hawking:

«Eine wunderbare Zeit zu leben»
Mit einem Essay von Bernd Schuh
Aus dem Englischen von Hainer Kober
148 Seiten. 10 Euro, ISBN 978 3 499 63235 8
E-Book 9,99 Euro, ISBN 978 3 644 40068 9

Dieses kleine Lesebuch, zusammengestellt aus Anlass des 75. Geburtstags des berühmtesten Wissenschaftlers unserer Zeit, präsentiert in Selbstzeugnissen zum einen den privaten Stephen Hawking, Kindheit, Studium, Karrierebeginn und das Leben mit ALS, zum anderen sein wissenschaftliches Credo in ausgewählten Texten. Hawkings Aufsatz «Informationserhaltung und Wettervorhersage für Schwarze Löcher» und der Essay «Die Haare der Schwarzen Löcher» von Bernd Schuh werden hier zum ersten Mal in einer Printausgabe publiziert.